# 새의 일상

의외로 사랑스러운

piro piro piccolo 지음  이혜정 옮김

## 시 작 하 며

"주변에서 흔히 볼 수 있는 새는 뭐가 있을까요?"라는 질문을 받으면,
"참새나 비둘기 아니면 까마귀요?"라고
대답하시는 분이 많으리라 생각합니다.
혹시 또 생각나는 새가 있나요?
편의점 앞을 어슬렁거리며 눈치 게임 중인 새라든가
전깃줄에 앉아서 시끄럽게 우는 새라든가
강가에서 한가로이 헤엄치다가 갑자기 잠수하는 새라든가….
무심코 지나쳤던 새가 사실은 참새도 비둘기도 까마귀도 아닌
다른 새였다는 것을 알아채신 분은 드물 것입니다.
의외로 다양한 종의 새가 우리 가까이에 있습니다.

"새는 어떻게 구별해요?"

이 질문 가끔 받는데요, 답은 아주 간단합니다.

잘 보시면 됩니다. 진짜예요.

"새를 보러 새 서식지에 가자!"라고 거창하게 계획하지 않아도

시선을 살짝만 돌려 보면

출근을 하면서도 학교에 가면서도 빨래를 널면서도 새를 볼 수 있습니다.

희귀한 새를 보는 것만이 새 구경이 아닙니다.

비둘기나 까마귀를 관찰하는 것도 훌륭한 새 구경입니다.

본 책에서는 '쌍안경이 없어도 구별할 수 있는 새'를 소개합니다.

(물론 쌍안경이 있으면 더할 나위 없이 좋겠습니다만⋯.)

새에 대하여 조금 알아 두면 새를 보는 순간 무슨 새인지 짐작할 수 있고

새가 하는 행동의 의미도 이해할 수 있어서 새로운 세상이 펼쳐질지도 모릅니다.

새를 발견하면 무엇을 하고 있는지 꼭 한번 눈여겨봐 주세요.

어딘가 우스꽝스럽게 보일지 몰라도 사실은 다 이유가 있는 행동입니다.

우리 주변에는 생각보다 다양한 새가 있고

새들은 제각기 자신만의 방식대로 살아가고 있습니다.

이러한 사실에 눈뜰 때쯤이면

여러분은 새를 보면 그냥 지나칠 수 없는 존재가 되어 있을 것입니다.


piro piro piccolo

# Contents

시작하며 ··· 2

흔히 보는 비둘기는 두 종류 ··· 27
구애에 진심입니다 ··· 28
아빠도 수유할 수 있다고? ··· 29

## 제1장 도시에서 볼 수 있는 새

**참새** ··· 10
    참새들의 샤워 타임 ··· 12
    사실은 거리 두기 중? ··· 14
    이 속담은 우연히 나온 것이 아니었다 ··· 15
    도시 참새의 생존 전략 ··· 16
    벚꽃 시즌 범인은 누구? ··· 17

**큰부리까마귀** ··· 30
    더위를 타는 까마귀 ··· 32
    여름 한정! 까마귀 콧구멍 공개 이벤트 ··· 33
    특이한 곳에 음식물이 있다면? ··· 34
    먹이 숨기기에 진심 ··· 35
    인간들의 음식은 뭐든 알고 있다 ··· 36
    까마귀가 인간을 위협하는 법 ··· 37

**멧비둘기** ··· 18
    무신경한 멧비둘기 ··· 20
    나도 한다! 일광욕! ··· 22
    비 오는 날 최고 ··· 23

**찌르레기** ··· 38
    단체로 멍때리기 ··· 40
    어디에서도 쑥쑥 잘 큽니다 ··· 41
    찌르레기 학교 탐방 ··· 42
    찌르레기 부리의 비밀 ··· 43

**집비둘기** ··· 24
    비둘기는 원래 자연에 없었다 ··· 26

미식가? 아니요 미식조입니다 … 61
목숨을 걸고 바다를 건넙니다 … 62
응원하고 싶어지는 새 직박구리 … 63

**백할미새** … 44
  엄청난 속도로 걷는 '그 새' … 46
  즐거운 듯해도 방심은 금물 … 47
  해 질 녘 그들이 귀가하는 곳 … 48
  한밤중의 간식 타임 … 49

**동박새** … 64
  휘파람새랑 닮았나요? … 66
  우주 최강 닭살 커플 … 67
  단맛 마니아 동박새 … 68
  동박새 부모의 마음 … 69

지금까지 몰랐던 '새'로운 발견 ①
  새 부리 모양은 다양합니다 … 50

## 제 2 장 주택가에서 볼 수 있는 새

**휘파람새** … 70
  "호오 호르륵" 말고도 … 72
  초보 휘파람새의 도전 … 73

**박새** … 52
  도시에서 내 집 마련하기 … 54
  청결 끝판왕! 박새 … 55
  그들만의 언어로 대화합니다 … 56
  응석 부리고 싶은 것은 어른도 마찬가지 … 57

**제비** … 74
  제비의 철새 라이프 … 76
  처마 밑이 명당 … 77
  주택난에 시달리는 제비 … 78
  하천 부지 제비 모임 … 79

**직박구리** … 58
  울음소리 때문에 손해? … 60

## 논병아리 … 98

논병아리? 오리? … 100
수면 위 비밀 둥지 … 101
논병아리 필살기 잠수 … 102
독립의 순간 … 103

## 개똥지빠귀 … 80
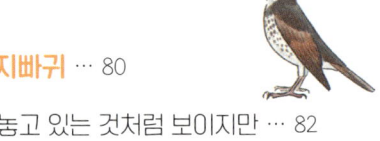
넋 놓고 있는 것처럼 보이지만 … 82
독특한 보법의 소유자 … 83
개똥지빠귀의 약속 … 84
남몰래 노래 연습하는 개똥지빠귀 … 85

## 왜가리 … 104

살아남은 공룡? … 106
먹는 게 남는 거 … 107
도도한 자세의 소유자 … 108
기다림의 미학 … 109

## 딱새 … 86
아이돌급 존재감 … 88
내 영역은 내가 지킨다 … 89

### 지금까지 몰랐던 '새'로운 발견 ②
새 다리 모양도 다양합니다 … 90

## 해오라기 · 쇠백로 … 110
나의 이름은 … 112
적극적인 사냥꾼 쇠백로 … 113
얼핏 보면 펭귄? … 114
캄캄한 밤이 좋아 … 115

## 제 3 장 물가 · 공원에서 볼 수 있는 새

## 물총새 … 92

살벌한 식사 풍경 … 94
도시 적응 완료 … 95
보고 배우자! 애정 표현 … 96
아름다운 새의 반전 … 97

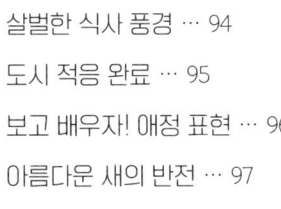

**민물가마우지** … 136

    뭐 하세요? … 138

    뭉쳐 다니기 최고 … 139

지금까지 몰랐던 '새'로운 발견 ③

    들새와 마주한다면 기억해야 할
    세 가지 … 140

지금까지 몰랐던 '새'로운 발견 ④

    아기 새가 땅에 내려와 있다면? … 141

마치며 … 142

**흰뺨검둥오리** … 116

    고독한 흰뺨검둥오리 … 118

    흰뺨검둥오리 이사하는 날 … 119

    육아는 오로지 엄마 몫 … 120

    텃새 흰뺨검둥오리 … 121

    패션 테러리스트? … 122

    소문으로만 듣던 오리의 거시기 … 123

**물가의 패셔니스타
겨울 오리들** … 124

    독특한 식사법의 소유자 고방오리 … 126

    물 위 소용돌이 마스터 넓적부리 … 127

    홍머리오리 상륙 대작전 … 128

    육지에서는 몸치? 댕기흰죽지 … 129

    결이 다른 울음소리 청둥오리 … 130

    느긋한 여행자 쇠오리 … 131

**물닭** … 132

    제가 호구로 보인다고요? … 134

    다재다능이 죄라면 물닭은 유죄? … 135

## 제 1 장

## 도시에서 볼 수 있는 새

## 너의 정체를 알려 줘!
# 참새

참새는 친숙한 존재지만 옛날부터 인간에게 해로운 새로 여겨져 왔으며, 사람 가까이에 있는 이유도 사실은 사람을 경호원으로 두고 싶은 것뿐입니다. 사람과의 관계는 사실 복잡할 수도…?

| | |
|---|---|
| 분류 | 참새목 참샛과 |
| 크기 | 15cm |
| 서식지 | 인가 주변 / 농경지 등 |

## 자세히 보면…

볼의 까만 반점.
이 모양이 분명할수록
참새 무리에서
인기 상승.

도톰한 부리.
씨앗을 쪼개는 데
적합한 형태.

아기 참새는
볼 색이 옅다.

 ## 어떻게 살고 있냐면…

● 참새는 "짹짹"이라는 이미지가 있지만, 상황에 따라 울음소리가 다릅니다.

[ 구애의 노랫소리 ]

[ 둥지에 있는 아기 참새 ]

● 걸을 때는 두 다리로 총총

할미새는 종종걸음으로 유명하다.

  ## 이 흔적은 참새가 머물렀다는 증거!

땅에 옴폭
팬 곳이 있다면…

모래 목욕
했습니다!

벚꽃이 꽃봉오리째
떨어져 있다면…

꿀 잘
먹었습니다!

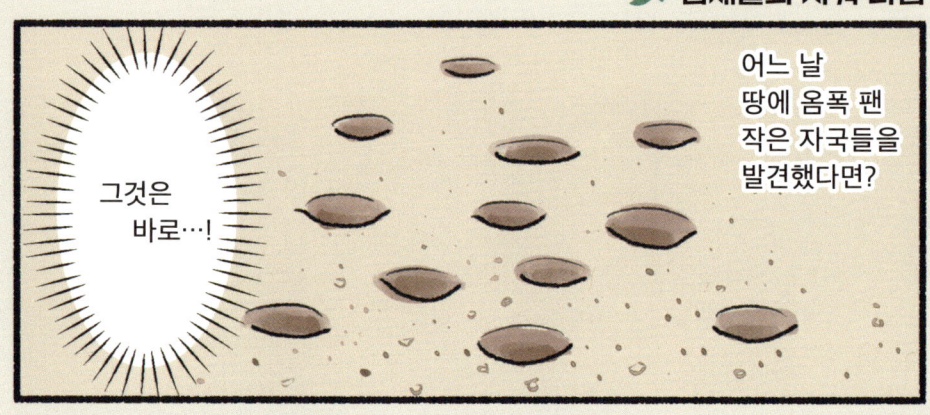

# 제1장 도시에서 볼 수 있는 새

## 벚꽃 시즌 범인은 누구?

벚꽃이 꽃봉오리째 우수수 떨어져 있는 것을 보면 본능적으로 위를 쳐다보게 됩니다.

비 오면 좋겠다

`02` 새도감

### 자주 듣는 '그 소리'의 정체
# 멧비둘기

꾸욱— 꾸욱—
꾹꾹—

얼핏 들으면 한가로이 노래하는 것처럼 들리지만, "내 땅이야!!" "내 애인이야!!"를 외치며 필사적으로 내는 소리입니다. 주로 나뭇가지나 안테나 위에서 웁니다.

| 분류 | 비둘기목 비둘깃과 |
| --- | --- |
| 크기 | 33cm |
| 서식지 | 도시 한복판부터 깊은 산속까지 |

## 자세히 보면…

줄무늬가 있는 목.
어린 새는 줄무늬가
없다.

비늘 모양의 아름다운 날개.
집비둘기(24쪽)와 구분할 때는
날개를 보면 된다.

굴곡 없이 매끈한 코.
집비둘기(24쪽)는
코에 혹이 있다.

 ## 어떻게 살고 있냐면…

● 위협받으면 방귀와 비슷한 소리를 냅니다.

● 한 마리나 두 마리가 같이
  땅을 걸어 다니며 먹이를 찾습니다.

 찾아
보아요!

## 도시에서도 산에서도 볼 수 있어요!

옛날에는 산에 있어서 산비둘기라고 불렀는데,
지금은 도시에서도 자주 볼 수 있다.

나뭇가지를 몇 개 주워다가
대충대충 둥지를 튼다.
머물던 둥지가 발견되면 즉시 버리고
다른 장소에 새로운 둥지를 튼다.
꼼꼼하게 틀지 않고 대강 틀기 때문에
오히려 재빠르게 움직일 수 있다.

제 1 장　도시에서 볼 수 있는 새

처음 겪었을 때는 당황했지만 이제는 내려오지 않으면 오히려 맥 빠질 정도입니다.

## 전 세계에 있는 새
# 집비둘기

03 | 새도감

일상에서 흔히 보는 새로, 비제비둘기라는 종에서 개량된 품종입니다. 편지를 주고받는 전서구로 활약한 적이 있습니다. 날개 무늬가 각양각색인 것도 특징입니다.

| 분류 | 비둘기목 비둘깃과 |
| --- | --- |
| 크기 | 33cm |
| 서식지 | 시가지 / 자연이라면 어디든 |

제1장 도시에서 볼 수 있는 새  먹을 거 있는 사람?

 ## 자세히 보면…

목이 금속 느낌. 구조색*이어서 보는 각도에 따라 색이 다르다.

혹이 있는 코. 어릴 때는 하얗지 않다.

몸 전체가 새하얗기도 하고 새카맣기도 하고! 다채로운 색을 가지고 있다.

샤랄라~

* 깃털 자체에 색이 있는 것이 아니라 빛의 반사에 따라 다른 색으로 보인다. 유리구슬도 같은 원리이다.

 ## 어떻게 살고 있냐면…

- 암컷 주변을 서성거리며 목을 부풀려 울거나 고개를 까딱이며 구애하느라 정신없습니다.

- 물을 직접 꿀꺽꿀꺽 마실 수 있는 새는 꽤 드뭅니다.

※멧비둘기도 가능하다.

아 귀찮아  구룩~ 너 좀 귀엽다?

구룩~ 어디 살아?

새 대부분은 부리에 물을 담은 후 고개를 들어서 물을 삼킨다.

  ## 주위에 사람이 있어도 개의치 않습니다!

**역 앞이나 공원**

**베란다**

힐끔  힐끔

먹을 거 흘리고 가면 좋겠다…

만족  여기 좀 살 만한데?

데굴…  혹시 그거 둥지…?

사람을 별로 신경 쓰지 않고 무리 지어 다닌다.

조상은 절벽에서도 살았는데, 아파트 베란다쯤이야 아무 문제 없다.
(집비둘기들 처지에서 보면 비슷한 환경일지도…)

25

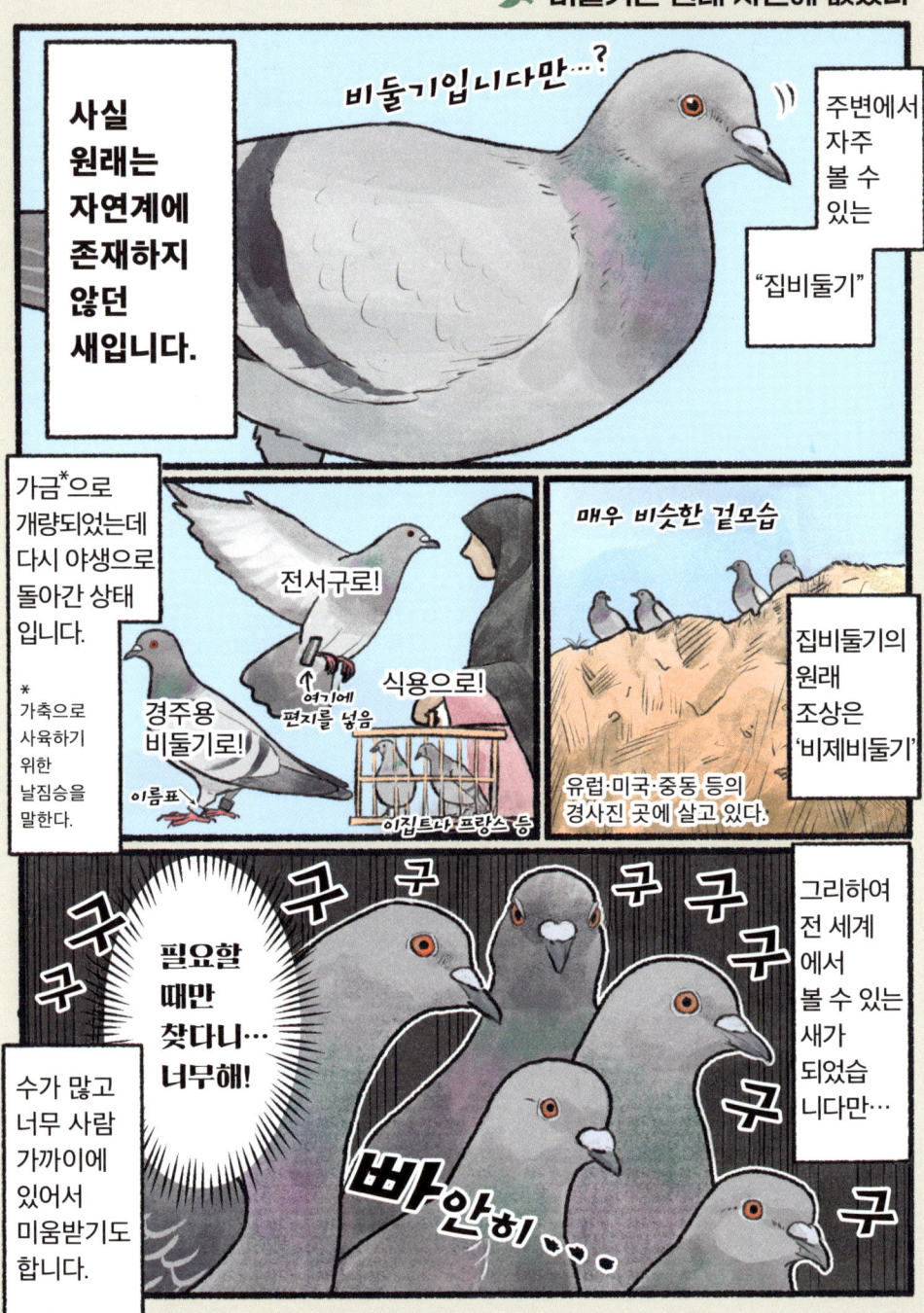

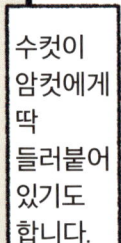

## 아빠도 수유할 수 있다고?

부부가 함께 몸을 갈아서 아이를 키웁니다.

| 04 | 새도감 |

## 도시 탐험가 까마귀 등장!
# 큰부리까마귀

까마귀에게 도시의 길바닥은 뷔페입니다. 그 자리에서 다 먹지 못하면 비밀 장소에 숨겨 놓고 나중에 꺼내 먹는 습성이 있습니다.

| 분류 | 참새목 까마귓과 |
| 크기 | 57cm |
| 서식지 | 시가지 / 삼림 |

## 자세히 보면…

● 흔히 보는 까마귀는 두 종류!

 ## 어떻게 살고 있냐면…

● 사람과 마찬가지로 잡식성이고 동물의 사체·곤충·나무 열매 등 뭐든지 잘 먹습니다.

 ## 숲보다 도시가 살기 편하다고?

원래는 숲에 살지만 지금은 먹을 것이 널려 있는 도시에서도 자주 볼 수 있다.
빌딩을 나무로 치면 도시도 숲과 별반 차이가 없는 걸까?

🌿 **더위를 타는 까마귀**

👤 한여름의 까마귀는 모두 입을 크게 벌리고 있어서 힘들어 보이지만 귀엽습니다.

## 까마귀가 인간을 위협하는 법

| 05 | 새도감 |

## 해님을 만나면 기분이 좋아
# 찌르레기

엉뚱한 자세로 가만히 있는 찌르레기를 발견해도 당황할 필요는 없습니다. 이불을 말리듯이 날개를 펴서 햇볕 샤워 중입니다.

| 분류 | 참새목 찌르레깃과 |
|---|---|
| 크기 | 24cm |
| 서식지 | 시가지 / 초원 |

## 자세히 보면…

## 어떻게 살고 있냐면…

- 자주 땅을 걸어 다니며 벌레를 먹는 이로운 새

그러나…

- 가을 겨울은 역 근처 가로수 등에 보금자리를 만들기 때문에 배설물이나 소음으로 사람들에게 미움받기도 합니다.

## 보금자리 찾기가 어렵습니다

덧문의 두껍닫이　　　환기구

본래는 나무에 있는 구멍에서 새끼를 키우지만, 도시에는 마땅한 나무가 부족해서 인공 구조물을 이용한다.

어떻게 해도 보금자리를 못 찾을 때는 다른 새의 둥지에 알을 낳기도 한다.
(탁란이라고도 한다.)

찌르레기 학교 탐방

어린 찌르레기들이 자립하는 시기가 오면 초원도 시끌벅적해집니다.

# 찌르레기 부리의 비밀

## 종종걸음으로 재빠르게
# 백할미새

06 | 새도감

주차장이나 편의점 근처에서 종종거리며 돌아다니는 하얀 새. 무엇을 하는 중인가 하면 사람이 떨어뜨린 음식물 부스러기를 찾아다니는 것입니다.

| 분류 | 참새목 할미샛과 |
| 크기 | 21cm |
| 서식지 | 시가지 / 농경지 / 하천 |

지나가도 될까…?

##  자세히 보면…

암컷은 등이 회색.

눈을 통과하는 것처럼 보이는 선.

긴 꽁지깃.

검은등할미새는 백할미새와 꽤 닮았지만 볼이 까맣다.

난 강 근처에 살아.

[ 검은등할미새 ]

##  어떻게 살고 있냐면…

● 달리거나 날아서 주식인 벌레를 잡습니다.

● 물결을 그리듯 납니다. 날갯짓하면서 웁니다.

##  사람 가까이에서 육아를 합니다

베란다 화분

인공물 틈에 있는 둥지를 자주 볼 수 있다.

먹이를 문 채로 같은 곳을 뱅뱅 도는 백할미새를 발견했다면 자리를 비켜 주자. 근처에 둥지가 있을지도 모른다.

## 즐거운 듯해도 방심은 금물

47 경계를 게을리하지 않는 자세가 훌륭합니다.

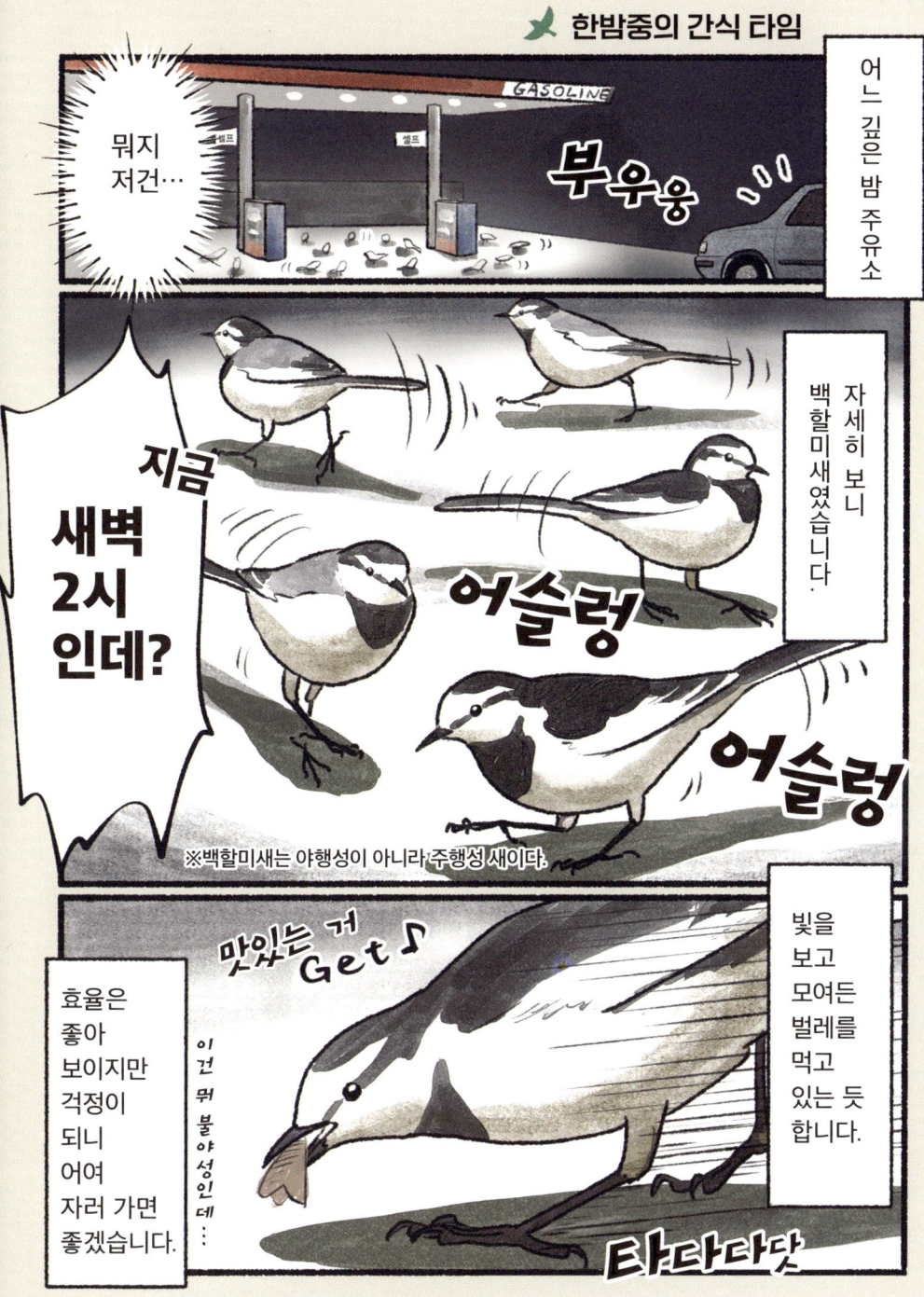

지금까지 몰랐던 '새'로운 발견 ①

## 새 부리 모양은 다양합니다

부리를 유심히 보면 어떤 먹이를 어떻게 먹느냐에 따라
그에 적합한 부리 모양을 가지고 있습니다!

**가는 부리**

★ 휘파람새

★ 찌르레기
핀셋 같은 부리로 벌레를 잡는다.

★ 동박새
꽃 안의 꿀을 먹기 쉽다.

**두꺼운 부리**

★ 참새
딱딱한 열매도 쉽게 쪼갠다.

★ 큰부리밀화부리
펜치에 맞먹는 파워.

**뭉툭한 부리**

★ 큰부리까마귀

먹을 것을 가리지 않는다.

**폭이 넓은 부리**

★ 제비

날아다니는 잠자리채 부리.

**특이한 모양의 부리**

★ 뒷부리장다리물떼새
먹는 데는 문제없는 거지?
물속에서 좌우로 흔든다.

★ 노랑부리저어새
반죽거리는 비슷해

★ 후투티
위로 던지고~ 납죽!
먹이를 던져서 입에 넣는다.

★ 솔잣새
부리 끝이 교차한 모양으로 솔방울 씨앗을 먹는 데 적합하다.

★ 검둥오리사촌
이 디자인... 누구 작품?

50

# 제 2 장

## 주택가에서 볼 수 있는 새

## 07 새도감

### 대화할 수 있습니다
# 박새

"쭈-삣-쭈-삣" 하고 울기만 하는 것이 아닙니다. 울음소리를 문장으로 만들어서 사람처럼 대화할 수 있습니다!

| 분류 | 참새목 박샛과 |
| 크기 | 14cm |
| 서식지 | 시가지에서 산지까지 |

제 2 장  주택가에서 볼 수 있는 새

 **자세히 보면…**

배까지 내려오는 넥타이 모양의 너비로 수컷과 암컷을 구분한다.

하얀 볼.

넥타이처럼 보이는 모양.

넓으면 수컷 ♂    좁으면 암컷 ♀

넥타이 끝이 다리와 이어져 있으면 수컷이고 아니면 암컷이다.

 **어떻게 살고 있냐면…**

● 주식은 벌레입니다. 1년 동안 무려 10만 마리를 먹는다고 합니다.

● 벌레가 부족한 시기에는 나무 열매도 먹습니다.

벌레 수가 증가하는 것을 막아 주는 역할도 한다.

너무해

두 다리로 잡고 먹는다.

 찾아 보아요!  **다른 종의 새와도 잘 어울려 지냅니다**

가을 겨울에 다른 종의 작은 새들과 무리 지어 다니는 것을 볼 수 있습니다.
추운 시기에 박새를 발견한다면 주위를 둘러보세요. 다른 새도 있을 확률이 높습니다.

동박새
오목눈이
곤줄박이
박새
쇠딱따구리

삐이— 삐이— 삐이—!
(매가 나타났어!)

헉!?

제각기 먹이를 찾아다니기도 하고 나뭇가지에 옹기종기 모여 있기도 한다.

모여 있으면 천적을 발견하는 데도 유리하다.

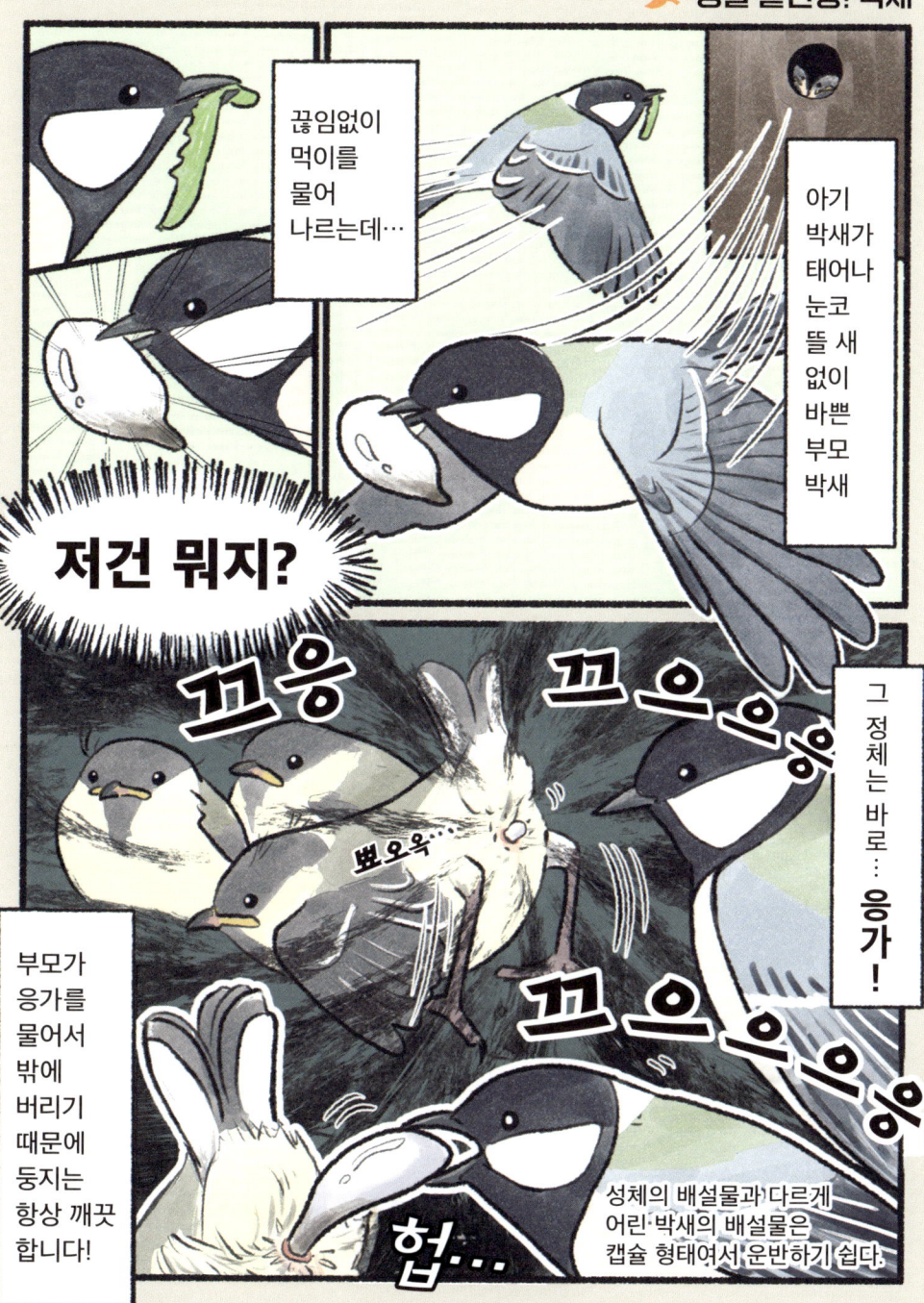

## 08 새도감

### 귀가 따가우신가요? 자연의 정원사입니다
# 직박구리

히―요!!

나무 열매와 꿀을 좋아하는 먹보입니다. 씨앗과 화분을 여기저기에 흩뿌리고 다니기 때문에 숲을 풍요롭게 합니다.

| 분류 | 참새목 직박구릿과 |
|---|---|
| 크기 | 27cm |
| 서식지 | 시가지 / 삼림 |

반가워!

## 자세히 보면…

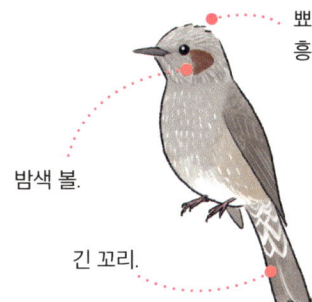

밤색 볼.

긴 꼬리.

뾰족뾰족한 머리 모양.
흥분하면 곤두선다.

날개를 퍼덕여 날아오른 뒤 날개를
몸 옆에 붙이고 곡선을 그리며 날아간다.

 ## 어떻게 살고 있냐면…

- 나무 열매를 통째로 삼킵니다. 열매의 씨앗은 소화되지 않고 다른 곳에 배출됩니다.

- 물에 뛰어들었다가 다시 날아오르기를 반복하며 목욕합니다.

의외로 목욕 시간이 긴 까마귀

 찾아보아요!

## 세계적으로는 보기 드문 새

← 직박구리 영어 이름

이동할 때 무리를 지어 다닌다.
주로 나뭇가지 위에서 활동하며
땅으로 내려오는 일은 거의 없다.

한국·일본·필리핀 등지에서 번식한다.
서양 사진작가들이 찍고 싶어 하는 새 중 하나이다.

## 목숨을 걸고 바다를 건넙니다

## 귀염둥이 단맛 마니아
# 동박새

동박새 부부는 금실 좋기로 유명합니다. 딱 붙어서 서로 날개깃을 다듬어 주는 모습은 둘도 없는 사랑꾼입니다!

| 분류 | 참새목 동박샛과 |
|---|---|
| 크기 | 12cm |
| 서식지 | 시가지 / 삼림 |

# 제 2 장 주택가에서 볼 수 있는 새

## 자세히 보면…

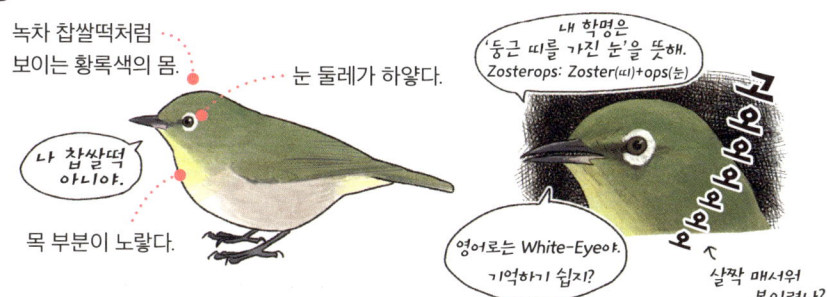

녹차 찹쌀떡처럼 보이는 황록색의 몸.

눈 둘레가 하얗다.

나 찹쌀떡 아니야.

목 부분이 노랗다.

내 학명은 '둥근 띠를 가진 눈'을 뜻해. Zosterops: Zoster(띠)+ops(눈)

영어로는 White-Eye야. 기억하기 쉽지?

살짝 매서워 보이려나?

## 어떻게 살고 있냐면…

- 나무를 총총 옮겨 다니며 꽃의 꿀이나 수액을 핥아 먹습니다.
- 동박새는 따뜻한 곳 출신입니다. 추워지면 따뜻한 남쪽으로 이동합니다.

냠냠… ← 벌레를 통째로 삼킴

동백꽃 기다려라~!!

찾아 보아요!
## 울음소리를 구분해 봅시다

찌이 찌이 — (평상시)

찌잇 찌잇 — ♪ 쮸 쮸 … ♫ (지저귀는 소리)

킬 킬 킬 … (경계)

달달한 느낌으로 울기도 하고 길고 복잡하게 지저귀는 등 다양한 소리를 들려준다.

치이일 — 찌잇 —
찌이 — 찌 —
찌잇 — 찌 —
찌이 — 찌 —

엥? 안 보여… 몇 마리…?

상록 활엽수 안에서 부산스레 돌아다닌다.

동박새입니다

## 동박새 부모의 마음

> 동박새의 육아에도 다른 새들의 육아에도 벌레는 좋은 먹이입니다.

| 10 | 새도감 |

## 눈에 띄고 싶은 건지 아닌 건지 모르겠습니다
# 휘파람새

"호오 호르륵!" 하고 힘차게 우는 모습이 떠오르지만 사실 모습을 잘 드러내지 않습니다. 기본적으로 덤불에 숨어 있습니다.

| 분류 | 참새목 휘파람샛과 |
| 크기 | 16cm(수컷), 14cm(암컷) |
| 서식지 | 해안에서 높은 산지까지 조릿대나 수풀이 우거진 곳 |

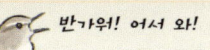

## 자세히 보면…

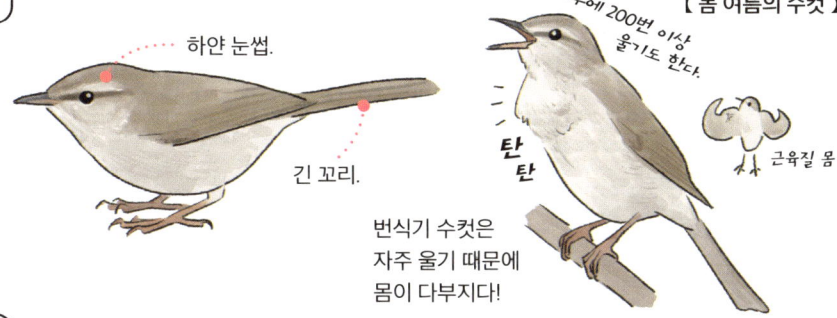

하얀 눈썹.

긴 꼬리.

【 봄 여름의 수컷 】

하루에 200번 이상 울기도 한다.

탄탄

근육질 몸

번식기 수컷은 자주 울기 때문에 몸이 다부지다!

## 어떻게 살고 있냐면…

- 수풀 속에서 쉴 새 없이 먹이를 찾습니다.
- 2월 정도부터 노래 연습을 시작하고 4월이 되면 번식을 위해 산으로 돌아갑니다.
- 가을 겨울은 낮은 곳으로 내려오기 때문에 공원이나 정원에서 볼 수 있습니다.

호오~호르륵!

봄·여름

가을·겨울

호르륵

찾아 보아요!

## 울음소리 해석해 드립니다

- 휘파람새의 울음소리는 주로 3종류입니다. 계절에 따라 다릅니다.

① 지저귈 때

호오~ 호르륵!

"결혼해 줘."
"내가 제일 세." "저리 가."
봄 여름에 들리며 수컷만 우는 것이 일반적이다.

② 이동할 때

케꼬 케꼬 케꼬
케꼬
케꼬
케꼬…

"적이야! 경계 태세!"
봄 여름에 수컷이 우는 소리이다. 30초 이상 길게 울기도 한다.

③ 평상시

치잇 치잇

"나 여기 있어."
가을 겨울에 암수가 같이 운다.

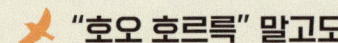
## "호오 호르륵" 말고도

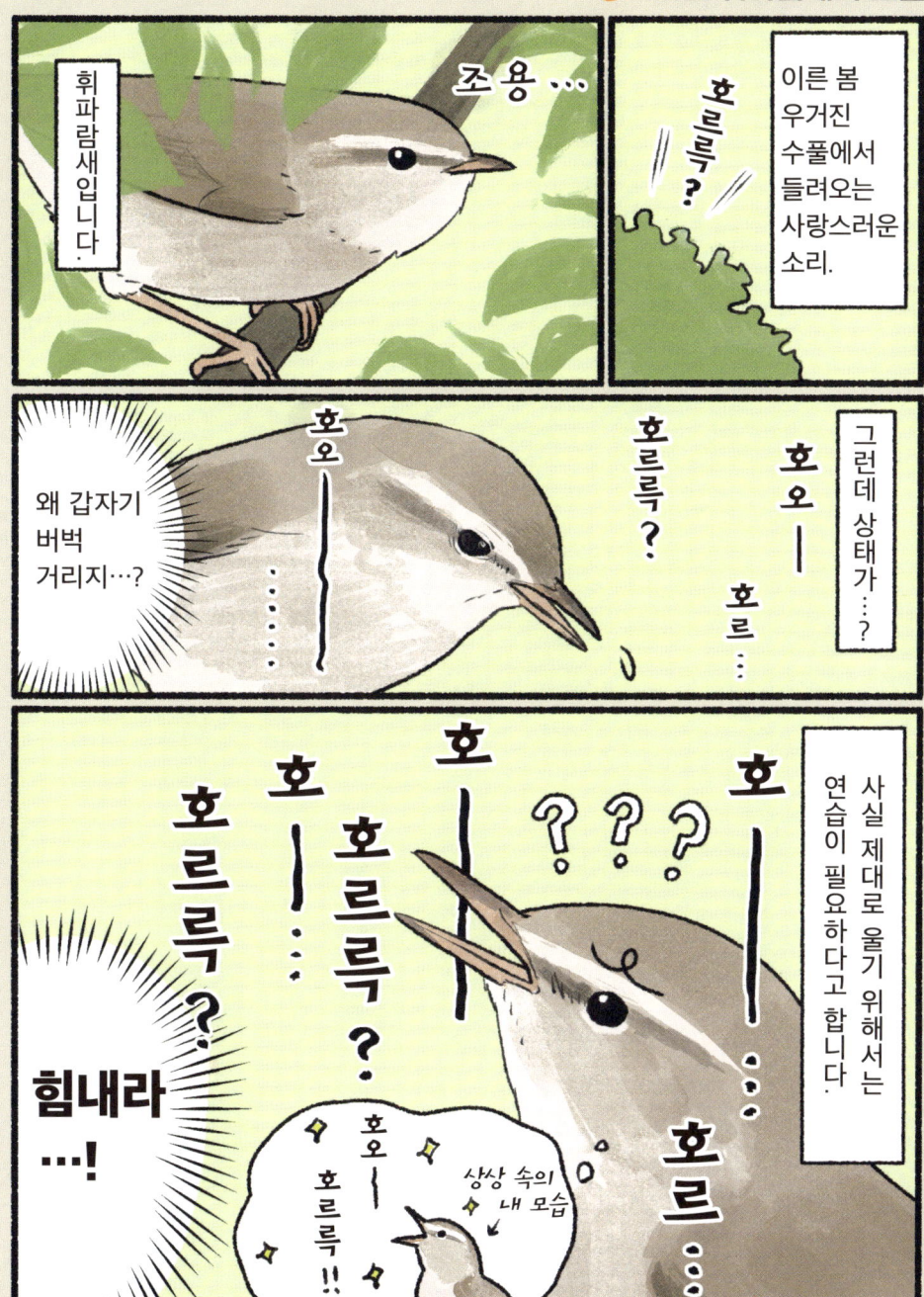

언제나 사람 곁을 지켜 온 소울메이트
# 제비

처마 밑에 둥지를 짓는 이유는 천적이 사람을 두려워해서 가까이 오지 않기 때문입니다. 사람이 살지 않는 곳에는 제비도 살지 않습니다.

| 분류 | 참새목 제빗과 |
|---|---|
| 크기 | 17cm |
| 서식지 | 시가지 / 농경지 |

## 자세히 보면…

[ 수컷 ] 두 갈래로 나뉜 꼬리. 길수록 인기가 많다.

[ 암컷 ] 꼬리가 짧다.

어릴 때는 꼬리가 더욱 짧다.

 ## 어떻게 살고 있냐면…

- 날면서 벌레를 잡습니다.

부리가 옆으로 넓어서 잠자리채처럼 슉슉 먹이를 잡는다.

- 비행하면서 물도 마시고 목욕도 합니다! 논처럼 넓은 수면이 없으면 살기 힘듭니다.

둥지 만들기에 필요한 진흙도 물가에서 조달한다.

## 제비의 보금자리 찾기

- 처마 밑에 둥지를 짓는 제비지만, 둥지를 떠나면 단체로 보금자리에 모여서 쉽니다.

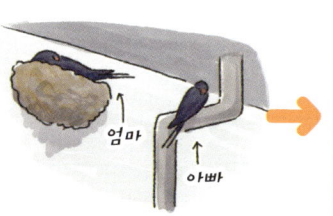

엄마 새가 둥지에서 새끼와 함께 자고 아빠 새는 그 근처에서 잔다.

강가 초원에서 다 같이 모여 잔다.

봄에 만나!

9월이 되면 보금자리를 떠나 따뜻한 남쪽으로 이동한다.

## 🐦 제비의 철새 라이프

작디작은 몸으로 바다를 건너오는 제비를 따뜻하게 반겨 주고 싶은 마음입니다.

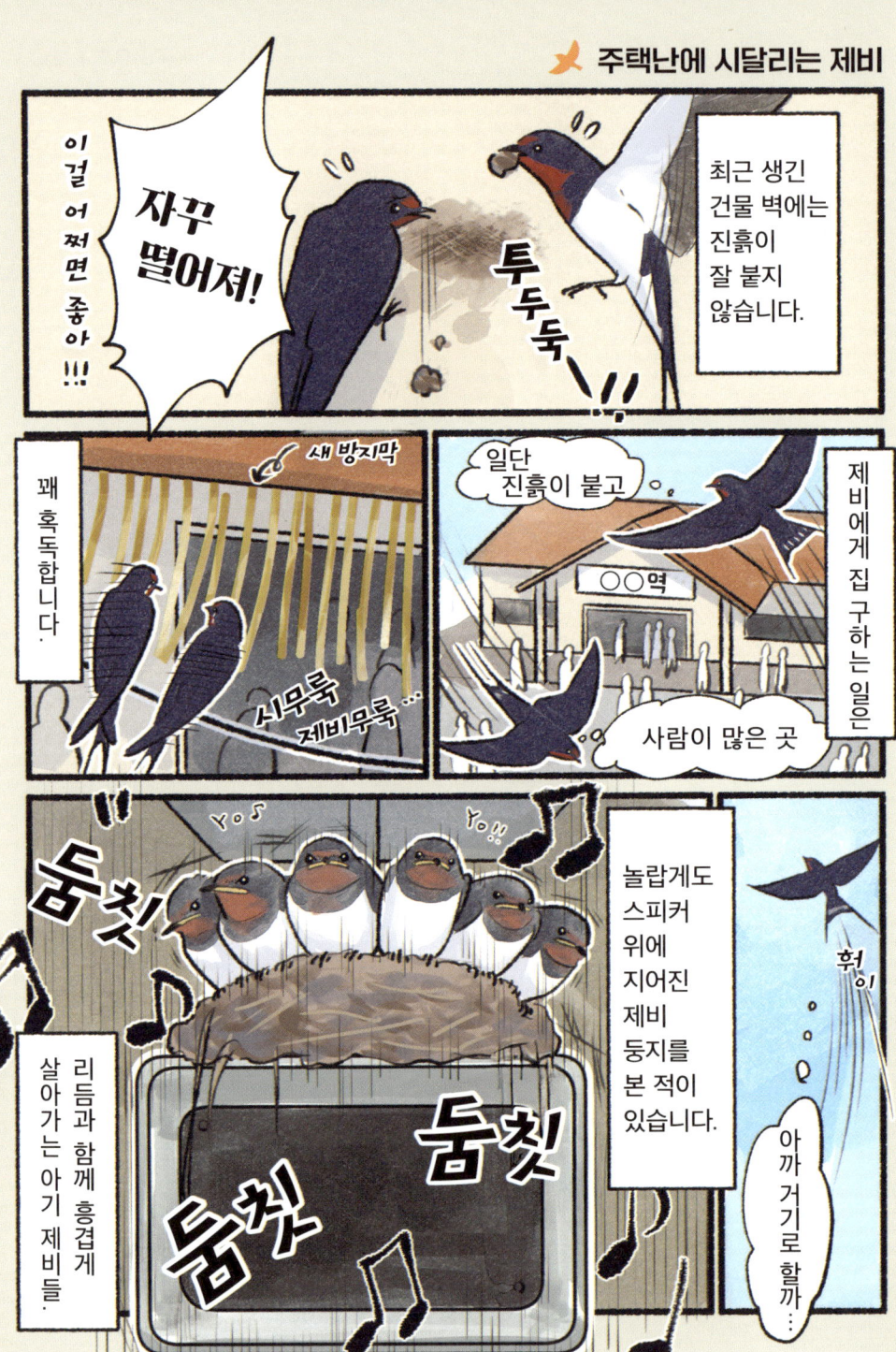

## 하천 부지 제비 모임

해 질 녘 제비들이 떼 지어 날고 있는 모습은 장관입니다!

## 넋 놓고 있는 것이 아닙니다
# 개똥지빠귀

몇 걸음 뛰다가 갑자기 멈춰서 벌레를 찾습니다. 그 모습이 어딘가 멍하게 보이기도 하지만 진지하게 사냥에 집중하는 중입니다!

| 분류 | 참새목 딱샛과 |
|---|---|
| 크기 | 24cm |
| 서식지 | 초원 / 숲 |

## 자세히 보면…

하얀 눈썹.

개체마다 색이 다르다.
진하기는 랜덤!

가슴 배 옆구리에
흑갈색 반점.

가슴을 쫙 펴서 당당해 보이지만
날개는 축 늘어뜨린
자세가 특징적이다.

## 어떻게 살고 있냐면…

● 땅으로 내려오면 주로 지렁이를 찾습니다.
소리가 들리는 곳을 집중적으로 파서 지렁이를 발견하면 통째로 꿀꺽!

## 개똥지빠귀의 먹이 찾기

겨울에 시베리아로부터 건너오자마자
나무 위에서 열매를 찾아다닌다.

나무 열매가 보이지 않으면 땅으로 내려와서
단독으로 먹이를 찾는다.

제 2 장  주택가에서 볼 수 있는 새

## 🐦 남몰래 노래 연습하는 개똥지빠귀

> 정말로 조용하게 울기 때문에 이른 봄 나무를 지나갈 때 귀 기울여 보세요.

| 13 | 새도감 |

## 귀여운 줄만 알았지? 반전 매력 덩어리
## 딱새

사랑스러운 겉모습으로는 절대 상상할 수 없지만, 각자의 먹이 영역이 있어서 그와 관련된 일이라면 암수 모두 물불을 가리지 않습니다.

| 분류 | 참새목 딱샛과 |
| 크기 | 14cm |
| 서식지 | 시가지 / 농경지 / 탁 트인 장소 |

## 자세히 보면…

[ 수컷 ]   [ 암컷 ]

회색빛이 도는 머리.

하얀 반점.

주황색 허리.

까만 저고리에 다홍치마! 우아하지?

딱새
=
"딱딱" 하고 우는 새라는 의미. 꼬리를 위아래로 흔들며 딱딱 소리를 내서 딱새라는 설이 있다.

## 어떻게 살고 있냐면…

- 먹이는 나무 열매나 벌레
- 관목 꼭대기처럼 살짝 높은 곳에 앉아 있다가 벌레를 발견하면 내려가서 잡은 뒤 다시 올라가기를 반복합니다.

통째로 꿀꺽! 냠냠

벌레다!

## 텃새 딱새의 육아

찾아 보아요!

밥 주세요~

아기 딱새들    아빠  엄마

딱새는 국내 전역에 흔히 서식하는 텃새이며, 아시아 동부 및 동남부에 분포한다. 여름에 번식한다.

육아 중에는 세상 단란한 가족을 볼 수 있다.

# 새 다리 모양도 다양합니다

다리의 길이나 모양은 생활 방식에 따라 특징이 있습니다.
보통은 어떻게 사용하는지 볼까요?

**물총새**
- 다리가 짧고 발가락 사이가 살짝 붙은 모양

**흰뺨검둥오리**
- 물갈퀴가 있습니다.

**민물가마우지**
- 발가락 4개가 앞을 향한 물갈퀴 다리

**왜가리**
- 다리가 깁니다.

# 제 3 장

## 물가·공원에서 볼 수 있는 새

수신 중

물고기 없으려나

| 14 | 새도감 |

## 소중한 상대에게는 역시 선물이 최고
# 물총새

선명한 색이 아름다운 물총새. 수컷이 암컷에게 물고기를 선물하고 나서 뿌듯하게 어깨를 펴고는 합니다. 다만 수컷끼리 하면 위협적인 행동입니다.

| 분류 | 파랑새목 물총샛과 |
| 크기 | 17cm |
| 서식지 | 하천 / 호수 / 늪 |

## 자세히 보면…

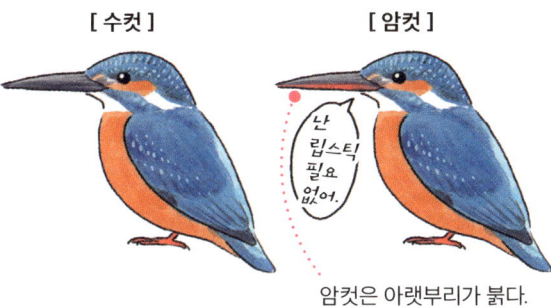

[ 수컷 ]   [ 암컷 ]

난 립스틱 필요 없어.

암컷은 아랫부리가 붉다.

반짝 반짝

구조색의 소유자!
빛 반사 각도에 따라 깜짝 변신.
(25쪽 참고)

 ## 어떻게 살고 있냐면…

- 먹이는 물고기나 새우입니다. 발밑이 불안정한 장소에서도 머리를 중심으로 움직이기 때문에 문제없습니다.

딱

흔들리는 나뭇가지 위에서도!

딱

공중 정지 비행 중에도!

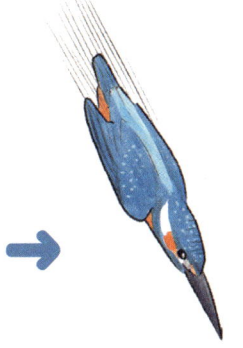

→ 먹이를 발견하면 머리부터 다이빙!

  ## 물가에서 흔히 볼 수 있는 철새

찾아 보아요!

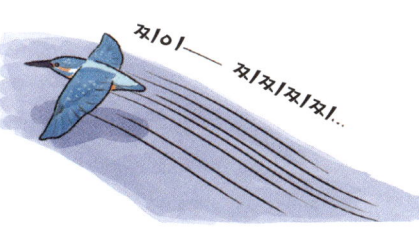

찌이— 찌찌찌찌…

높고 날카로운 울음소리가 들린다면
수면을 미끄러지듯 나는 새를 찾아보자.

지그시…

수면 위로 뻗은 나뭇가지

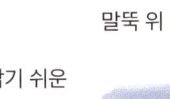

말뚝 위

물고기를 잡기 쉬운
장소에서 주로 머문다.

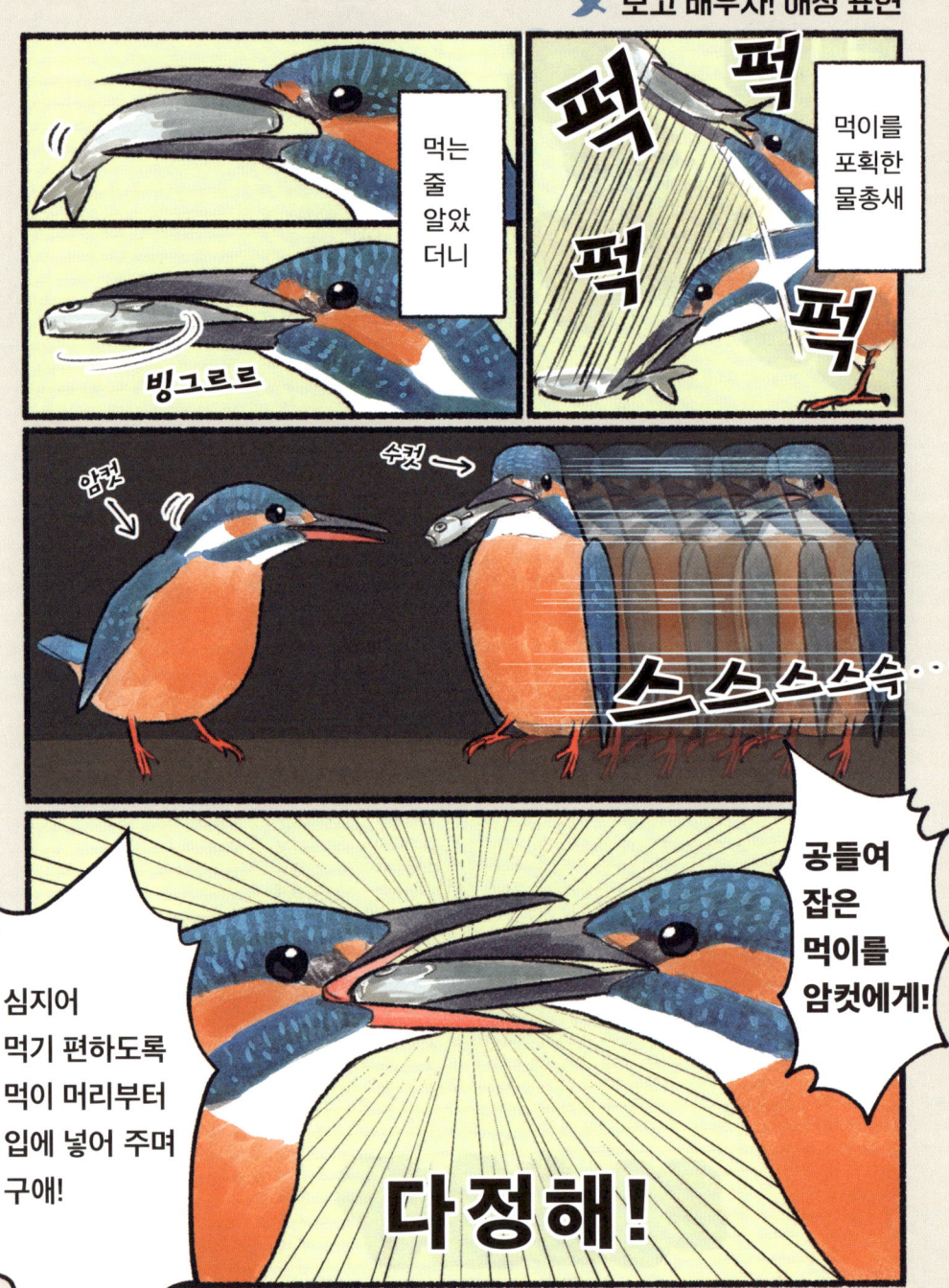

## 보기만 해도 흐뭇한 가족
# 논병아리

오리와 착각하기 쉬운 새입니다. 새끼는 태어나면 바로 헤엄칠 수 있지만 부모 등에 업혀 있기를 좋아합니다. 위험을 느끼면 부모 날개 속으로 숨습니다.

| | |
|---|---|
| 분류 | 논병아리목 논병아릿과 |
| 크기 | 26cm |
| 서식지 | 하천 / 호수 / 늪 |

## 자세히 보면…

[ 성체(여름) ]
노란빛을 띠는 입아귀.

[ 성체(겨울) ]
겨울에는 색이 옅어진다.

오리와는 다르게 뾰족한 부리.

북실북실한 엉덩이. 꽁지깃이 살짝 삐져나와 있다.

[ 자라는 중 ]
성장하면서 홍채가 옅어진다.

[ 아기 논병아리 ]
줄무늬가 있고 눈동자가 까맣다.

## 어떻게 살고 있냐면…

● 특기는 잠수! 작은 물고기나 새우를 먹습니다.

30초 이상 잠수할 수 있고 생각보다 멀리 떨어진 곳에서 나오기도 한다.

두 다리로 노를 젓는 듯 헤엄친다.

도움닫기 하여 날아오르지만 높이 나는 일은 드물고, 수면 위를 뛰어다니는 일이 대부분이다.

## 오리와 틀린 부분 찾기

● 논병아리는 오리보다 훨씬 작습니다. 그 외에도 부리나 발 모양이 다릅니다.

[ 논병아리 ]
뾰족한 부리

평평한 발바닥

[ 오리 ]
넓적한 부리

발가락 사이의 물갈퀴

아기 오리다~

아니 난 어른 논병아리인데…

오리 아니라고

🐦 **논병아리? 오리?**

← 흰뺨검둥오리

"저..."
"아기 오리가 있네~"
"오! 논병아리다..."
"오리다~"

"와아!! 물고기 물고기!"
"꺄아 꺄아"

잠수했어!

← 오리  부모  ← 밥 왔다  논병아리

많은 사람이 오리로 착각하는 논병아리

→ 새끼
"와~ 밥이다"

몸집은 작아도 훌륭한 부모 새입니다.

"일단 같은 종이 아닌데요…"

"어머? 더 작은 아기가 있네…?"
"아기의 아기…!?"

알려 드려야 할지 말지 매번 고민합니다.

## 수면 위 비밀 둥지

막 태어난 알은 새하얗지만 물때가 끼면서 색이 변합니다.

# 논병아리 필살기 잠수

부모가 물속에서 불쑥 나올 때마다 우왕좌왕하는 새끼 모습이 귀엽습니다.

## 독립의 순간

모두 그렇게 어른이 되어 가는군요.

## 움직이는 것은 놓치지 않습니다
# 왜가리

대형 조류 왜가리. 하천 가장자리나 강가 등지에서 가만히 서 있다가 물고기, 개구리, 쥐 등의 움직임을 보고 단번에 낚아챕니다. 보통 통째로 삼킵니다.

분류 황새목 왜가릿과
크기 95cm
서식지 하천 / 호수 / 늪 / 해안

제 3 장 물가·공원에서 볼 수 있는 새  쭈욱

 ## 자세히 보면…

- 댕기깃.
  (새의 머리에 길고 더부룩하게 난 털)
- 긴 목.
- 날개는 회색빛을 띤다.

목을 움츠리고 있을 때도 있다.

 ## 어떻게 살고 있냐면…

● 먹이를 발견하면 목을 쭉 뻗어서 단숨에 잡는 모습이 작살 같습니다.

파밧!

너무해

망했다 삼켜야 하는데…

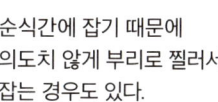

순식간에 잡기 때문에 의도치 않게 부리로 찔러서 잡는 경우도 있다.

  찾아보아요!

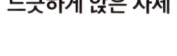 ## 다양한 자세로 존재감 발산

**느긋하게 앉은 자세**　　**목을 접어서 비행하는 자세**　　**날개를 펴고 정지한 자세**

- 발뒤꿈치
- 무릎은 보이지 않는다

다리가 앞으로 구부러진 듯 보이지만 단지 발이 길 뿐이다.

학은 목을 접지 않는다

왜가릿과 새는 목을 접고 비행한다.

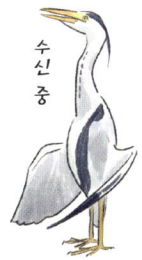

수신중

독특한 자세로 일광욕을 한다.

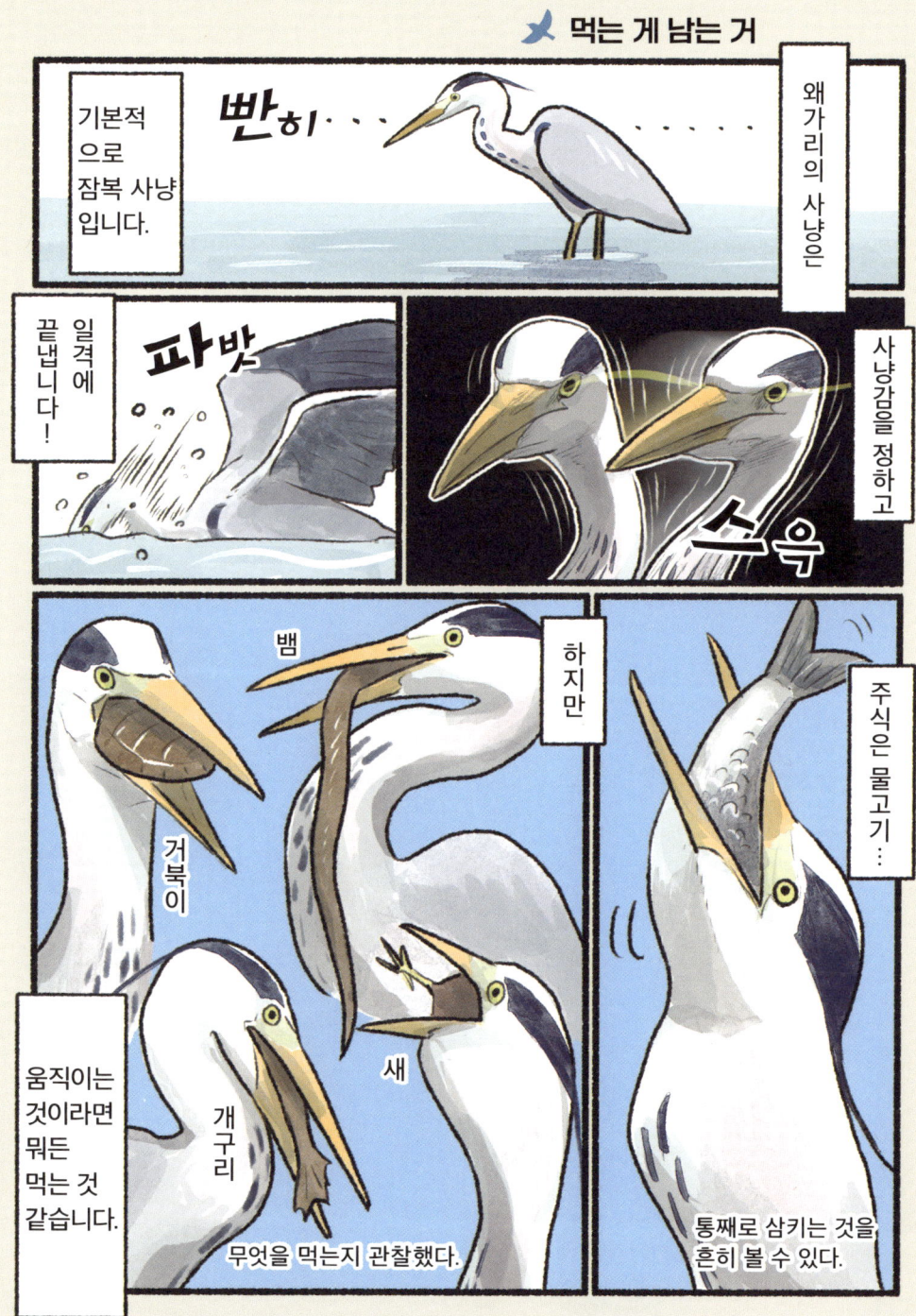

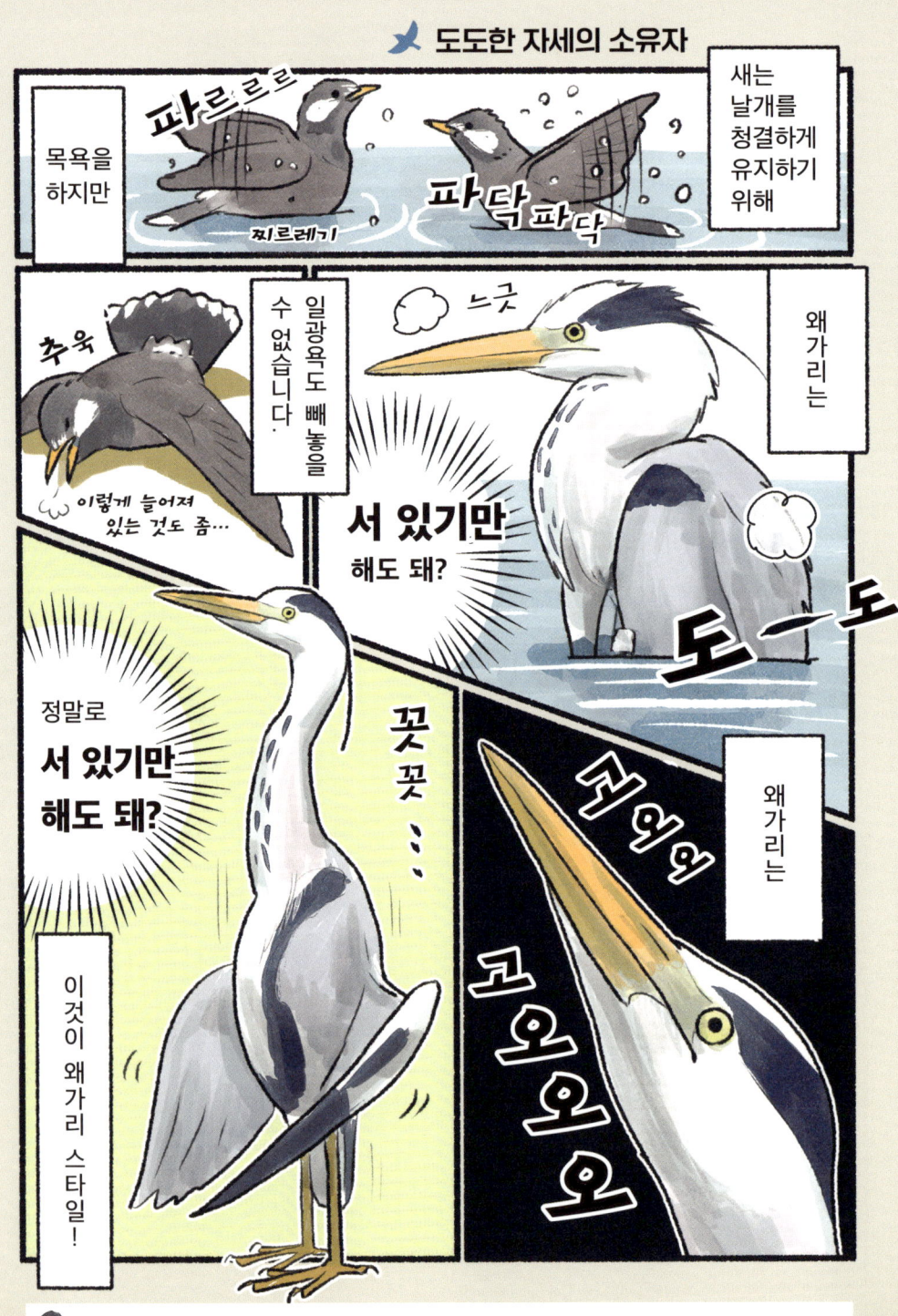

같은 종이어도 생활 스타일은 전혀 다릅니다
# 해오라기 · 쇠백로

같은 종의 새여도 생활 스타일은 다른 경우가 많습니다. 낮에 쇠백로가 성큼성큼 사냥을 하는 동안 해오라기는 나무 위에서 쿨쿨 잡니다.

| | |
|---|---|
| 분류 | 황새목 백로과 / 황새목 왜가릿과 |
| 크기 | 해오라기 58cm / 쇠백로 61cm |
| 서식지 | 하천 / 호수 / 늪 |

# 제 3 장 물가·공원에서 볼 수 있는 새

 ## 자세히 보면…

[ 해오라기 ]
- 하얀 댕기깃.
- 붉은 눈.
- 펭귄과 비슷한 실루엣!
- 사실은 목이 길다.

[ 쇠백로 ]
- 댕기깃.
- 까만 부리.
- 노란 양말을 신은 듯한 발.
- 목을 접으면 이런 모습이다.

 ## 어떻게 살고 있냐면…

● 같은 종이어도 사냥 방법은 극과 극!

[ 해오라기 ]
일시 정지한 상태로 먹잇감을 노린다.
집중…

[ 쇠백로 ]
물속을 거침없이 돌아다니며 물고기를 유인한다.
샤샥샤샥샤샥

 찾아 보아요! ## 물가 수풀이 우거진 곳

● 해오라기도 쇠백로도 물가 수풀 우거진 곳에 보금자리를 만들지만, 생활 주기가 다릅니다.

[ 해오라기 ]
갈색 몸에 하얀 반점을 가진 새가 있다면 어린 해오라기이다.
나 해오라기 맞아…

[ 쇠백로 ]
주행성이어서 저녁에는 보금자리로 돌아간다.

야행성이야

주행성이야

## 나의 이름은

이 외에도 황로나 노랑부리백로 등 다양한 아종이 있습니다.

## 비교적 흔하게 볼 수 있는 오리
# 흰뺨검둥오리

뉴스에서 길을 건너는 오리 가족을 본 적이 있다면? 100% 흰뺨검둥오리입니다. 오리는 대부분 철새지만 흰뺨검둥오리는 365일 국내에 머무릅니다.

| 분류 | 기러기목 오릿과 |
|---|---|
| 크기 | 61cm |
| 서식지 | 하천 / 호수 / 늪 |

## 자세히 보면…

수컷과 암컷의 색이 같다. 오리 종에서는 드문 편이다.
(사실 수컷이 살짝 크고 색이 옅다.)

부리 끝만 노란색.

알락오리(암컷)

다른 암컷 오리와 닮아 보이지만 부리 끝이 노란 것은 흰뺨검둥오리뿐이다.

청둥오리(암컷)

## 어떻게 살고 있냐면…

● 물가에서 유유자적 풀이나 씨앗을 먹습니다.

수면을 떠다니며 뻐끔거리거나

풀숲을 거닐며 풀씨를 우물우물 먹거나

잠수해서 수초의 잎을 먹거나

빠각

기절…

잡식성이어서 가재를 먹기도 한다.

## 흰뺨검둥오리 이사하는 날

● 새끼가 태어나자마자 안전하고 돌보기 쉬운 물가로 이동합니다.

지, 지금이요?

가자!

새끼는 알에서 나오자마자 걷고 헤엄칠 수 있다.

같이 가요—!!

스윽—

급물살…!

물가에 도착해서도 강하게 키운다.

# 흰뺨검둥오리 이사하는 날

흰뺨검둥오리는 천적에게 들키지 않도록

물가와 가까운 수풀 우거진 곳에서 알을 품습니다.

흰뺨검둥오리는 태어나자마자 걷고 헤엄칠 수 있습니다.

둥지 안에서 자라는 새도 있지만

꼬물...

엄마—

새끼가 모두 알에서 나오면 먹이를 찾으러 이사 합니다.

목을 길게 빼고 경계하는 부모 ↑

이 시기에는 뉴스에 등장 하기도 합니다.

개발 중인 지역에서는 어쩔 수 없이 길가로 나와야 하는 일도 종종 있다.

재빠르게 움직일 수 있고 고양이도 찾아오지 않는 안전한 장소는 물 위입니다.

## 육아는 오로지 엄마 몫

인간 기준으로 봐도 수컷의 무관심은 너무한 듯합니다.

# 제 3 장 물가·공원에서 볼 수 있는 새

## 소문으로만 듣던 오리의 거시기

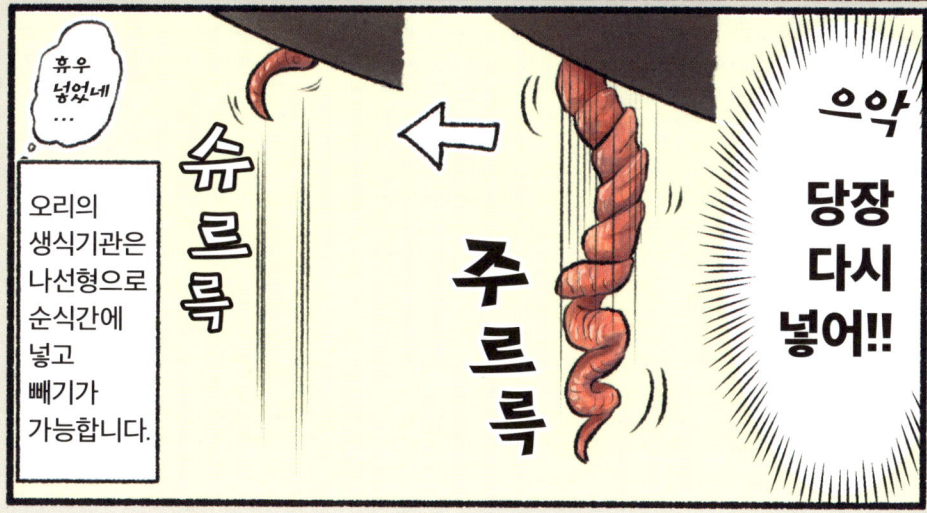

123 오리와 타조에게는 있지만 기본적으로 새는 음경이 없습니다.

오리를 제대로 보려면 역시 겨울입니다!
# 물가의 패셔니스타 겨울 오리들

수컷은 암컷에게 잘 보이기 위해 온갖 패션을 뽐냅니다. 겨울에는 화려한 깃털을 자랑하며 물가를 아름답게 수놓습니다.

| 분류 | 기러기목 오릿과 |
| --- | --- |
| 크기 | 청둥오리 59cm / 댕기흰죽지 40cm / 고방오리 75cm(수컷) 53cm(암컷) / 쇠오리 38cm / 넓적부리 50cm / 홍머리오리 49cm |
| 서식지 | 하천 / 호수 / 늪 |

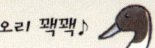

## 오리의 구애

- 아름다운 깃털로 치장한 수컷은 춤을 추며 구애를 시작합니다.
  그 모습은 대부분 비슷비슷합니다.
  암컷의 주위를 돌며 구애하는 모습은 마치 의식처럼 보이기도 합니다.

## 오리의 사계절 인생 루프

- 일 년 내내 볼 수 있는 오리는 흰뺨검둥오리(116쪽)입니다.
  그 외 오리는 겨울을 나기 위해 시베리아 등 북쪽에서 날아옵니다.

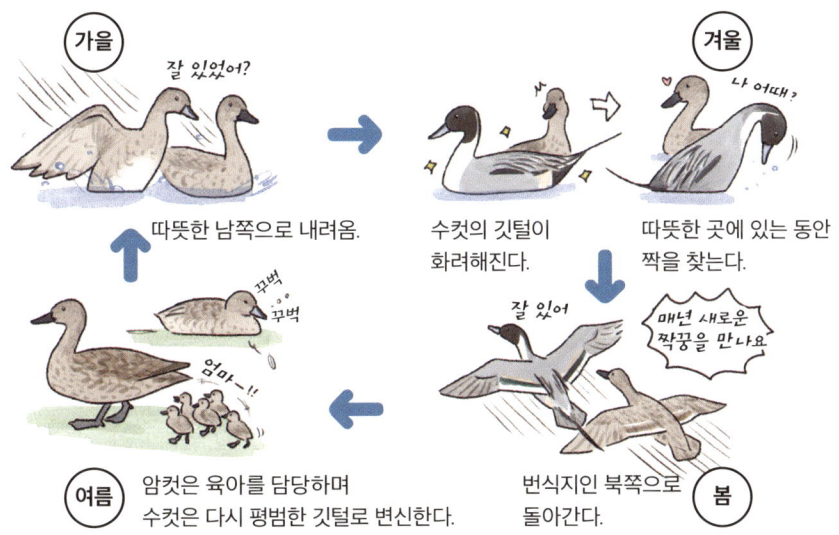

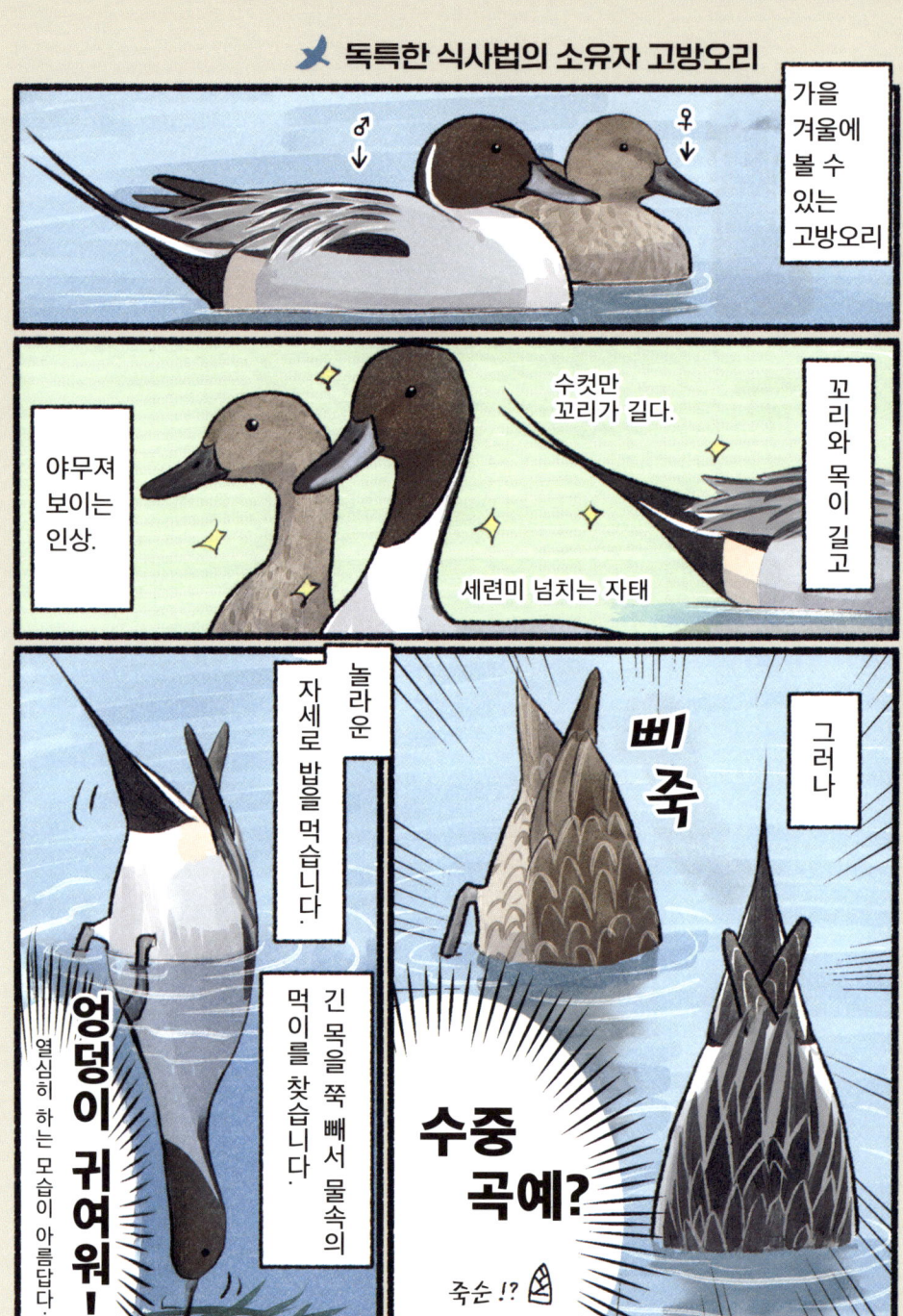

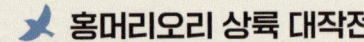

흰색과 까만색의 코디, 얼핏 보면 펭귄이 생각나는 귀여운 오리입니다.

## 맛집이 있는 곳이라면 어디든 출동
# 물닭

까맣고 통통한 몸에 하얀 이마와 부리가 인상적인 새입니다. 헤엄뿐 아니라 잠수, 걷기, 비행도 잘하는 멀티 플레이어입니다.

| | |
|---|---|
| 분류 | 두루미목 뜸부깃과 |
| 크기 | 39cm |
| 서식지 | 하천 / 호수 / 늪 / 해안 (탁 트인 수면을 좋아한다.) |

## 제 3 장 물가·공원에서 볼 수 있는 새

 ### 자세히 보면…

하얀 이마와 부리.
'액판'이라고 부른다.

어린 물닭은
액판이 작다.

쇠물닭과 비슷해 보이지만
쇠물닭은 부리가 붉다.

 ### 어떻게 살고 있냐면…

● 잡식성이며 풀과 해조류를 특히 좋아합니다.
먹기 위해서라면 장소를 가리지 않고 뭐든 합니다!

뛰어올라서 풀을 먹는다.

잠수하여 수초를 먹는다.
(물고기도 먹는다.)

돌에 붙은 수초나
해초를 뜯어 먹는다.

  ### 초식 뷔페에 등장한 까만 무리

● 좋아하는 풀을 먹기 위해 안전한 물에서 육지로 올라와
무리를 지어 다니는 일도 있습니다.

한 줄로 조심조심
육지로 이동한다.

초식동물처럼 풀을 먹는다.

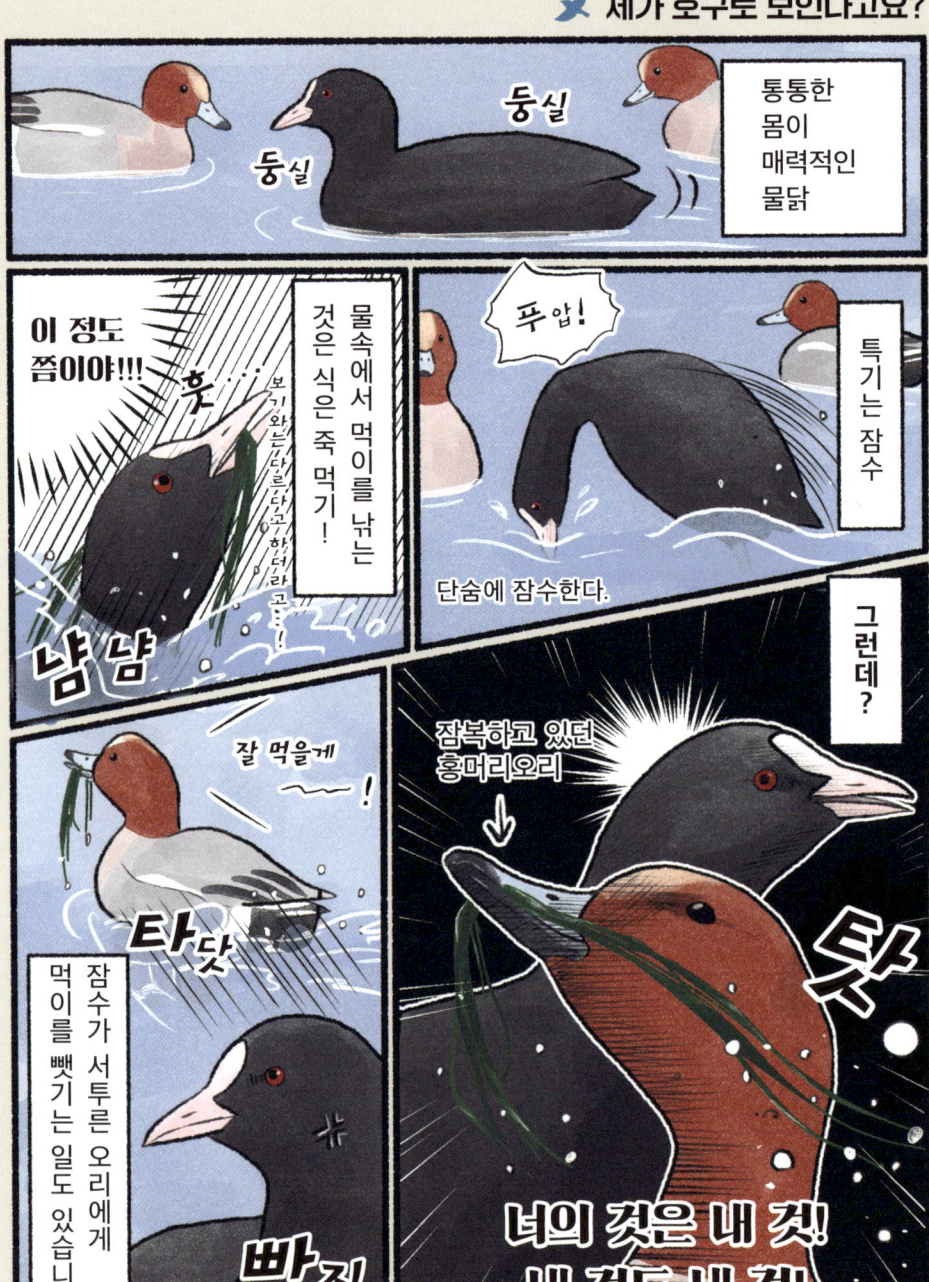

## 다재다능이 죄라면 물닭은 유죄?

아름다운 날개 자랑 대회가 아닙니다
# 민물가마우지

물가에서 날개를 퍼덕이는 이유는 무언가 보여 주기 위해서가 아닙니다. 젖은 날개를 말려야 날아오를 수 있습니다.

| 분류 | 가마우지목 가마우짓과 |
|---|---|
| 크기 | 82cm |
| 서식지 | 하천 / 호수 / 늪 / 해안 |

제 3 장  물가 · 공원에서 볼 수 있는 새

 ## 자세히 보면…

맑고 반짝이는 초록빛 눈.

여름에는 하얀 머리로 변신.

난 하얀색도 잘 어울려!!

 ## 어떻게 살고 있냐면…

● 새는 치아가 없어서 통째로 삼키는 것이 일반적입니다. 큰 먹이라고 해도 고개를 쭈욱 위로 들어서 한입에 삼킵니다.

● 새는 땀을 흘리지 않아서 더운 날에는 입을 벌리고 목을 떨어서 열을 방출합니다.

인간은 따라 하지 마세요

이것이 바로 한입의 미학!!!

아~

덜

열

 찾아 보아요! ## 가성비 비행자 민물가마우지

● 민물가마우지도 무리를 지어 브이(V) 자로 나는 새 중 하나입니다.
앞에서 나는 새 뒤에서 살짝 비스듬히 날면 상승 기류를 타고 효율적으로 날 수 있습니다.

날개를 잘 말려야 해!

딱 좋네…

맨 앞은 힘들어!! 다음은 네 차례야!!

## 들새와 마주한다면 기억해야 할 세 가지

### 하나, 둥지에 접근하지 말아 주세요

사람이 가까이 있으면 부모가 새끼에게 먹이를 주러 가지 않거나 위험을 느껴서 둥지를 방치하는 일도 있습니다. 또 천적에게 둥지가 발견될 가능성도 있습니다.

### 둘, 거리 두기가 필요합니다

새에게 인간은 무서운 존재란 것을 잊어서는 안 됩니다. 너무 가까이 가는 것도 쫓아다니는 것도 새에게는 스트레스입니다. 새가 경계하는 모습을 보이면 살며시 자리를 피해 줍시다.

### 셋, 먹이를 주지 않습니다

'귀여우니까', '가까이에서 보고 싶어서'라는 이유로 먹이를 주게 되면, 들새와 자연환경에 의도치 않은 영향을 줄 수도 있습니다.

> 지금까지 몰랐던 '새'로운 발견 ④

# 아기 새가 땅에 내려와 있다면?

번식기인 봄과 여름에 아기 새가 땅에 내려와 있는 일이 있습니다.
도와주고 싶은 마음은 이해하지만 섣불리 손을 대면 안 됩니다.

### 도와주지 않아도 괜찮습니다!

쉬고 있는 것이라서 실제로는 아무런 문제가 없습니다. 한 마리만 있는 것처럼 보여도 부모가 조금 떨어진 곳에서 보고 있는 경우가 대부분입니다. 사람이 지나가면 먹이를 주러 옵니다.

다만 위험한 장소에 떨어져 있다면 안전해 보이는 수풀이나 나무 위로 옮겨 주자.

※ 아기 새에게 사람 냄새가 나면 부모가 싫어한다는 말이 있는데 그렇지 않다. 대부분의 새는 후각이 둔하다.

### 아기 새가 땅에 내려와 있어도 주워 오면 안 됩니다

새라 하더라도 마음대로 아기 새를 데려오면 그것은 유괴와 다름없습니다.
부모 새의 마음을 헤아려 주세요.

아기 새는 먹이를 잡는 방법,
자신을 지키는 방법,
비행 방법,
대화 등 살아가는 방법을
부모에게 배우며 성장하기 때문에
인간에게 길러지면 야생으로 돌아가는 것은 무리이다.

**상처가 있거나 확실하게 상태가 이상해 보일 때는 지자체에 상담해 주세요.**

# 마치며

끝까지 읽어 주셔서 감사합니다.

제가 들새를 처음 본 곳은 책 표지로 그린
도쿄의 이노카시라 공원이었습니다.
'이렇게 재미있는 것을 가까이에서 볼 수 있는데 그냥 지나친다니…'
'나만 알기에는 너무 아까워!'
그렇게 저는 새의 세계에 입문하고 말았습니다.
그리고 새 그림을 그리기 시작했습니다.

그러던 어느 날 "만화를 그려 보지 않으시겠어요?"라는
권유를 받았습니다.
제대로 그려 본 적 없는 만화를 맨 처음부터 차근차근 그리고
성심성의껏 도와주신 사쿠라이 편집자님께는 아무리 감사해도
부족할 듯싶습니다.

새나 자연에 관심을 가지는 사람이 늘어났으면 좋겠습니다.
감사합니다.

작업 풍경~무조건 오른손에서 자야 하는 문조~

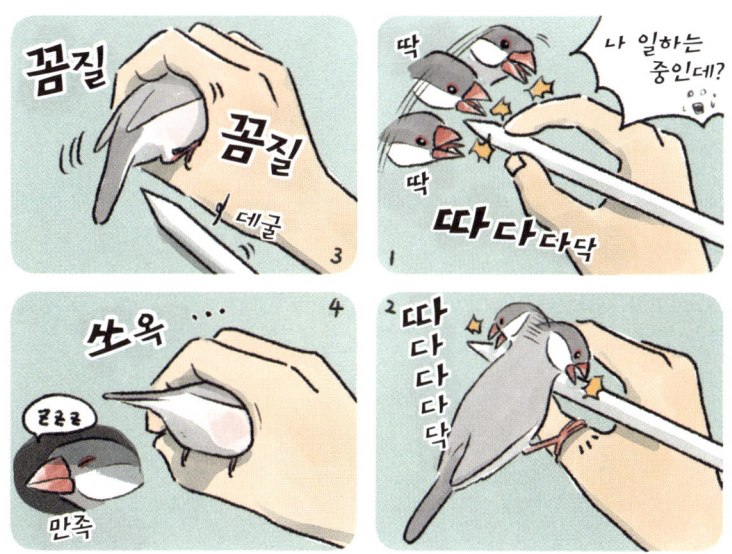

STAFF

북디자인   앙버터 오피스

DTP       주식회사 닛타프린터서비스

교정      주식회사슈친샤

편집장     사이스 켄이치로

편집 담당   사쿠라이 히로키


IGAI TO SHIRANAI TORI NO SEIKATSU

©piro piro piccolo 2024

First published in Japan in 2024 by KADOKAWA CORPORATION, Tokyo. Korean translation rights arranged with KADOKAWA CORPORATION, Tokyo through AMO AGENCY.

이 책의 한국어판 저작권은 AMO에이전시를 통해 저작권자와 독점 계약한 담앤북스에 있습니다. 저작권법에 의해 한국 내에서 보호를 받는 저작물이므로 무단 전재와 무단 복제를 금합니다.

의외로 사랑스러운
**새의 일상**

초판 1쇄 발행 2025년 9월 12일

| | |
|---|---|
| 지은이 | piro piro piccolo |
| 옮긴이 | 이혜정 |
| | |
| 펴낸이 | 오세룡 |
| 편집 | 김윤미 손미숙 박성화 윤예지 |
| 기획 | 곽은영 이수연 |
| 디자인 | 최지혜 고혜정 김효선 |
| 홍보·마케팅 | 정성진 |
| | |
| 펴낸곳 | 담앤북스 |
| 주소 | 서울특별시 종로구 새문안로3길 23 |
| | 경희궁의 아침 4단지 805호 |
| 대표전화 | 02-765-1250(편집부) 02-765-1251(영업부) |
| 전송 | 02-764-1251 |
| 전자우편 | dhamenbooks@naver.com |

출판등록 제300-2011-115호

ISBN 979-11-6201-548-3 (03490)
정가 16,800원

- '수류책방'은 담앤북스의 인문 교양서 브랜드입니다.
- 이 책은 저작권법에 따라 보호받는 저작물이므로 무단 전재와 복제를 금합니다.
- 이 책 내용의 전부 또는 일부를 이용하려면 반드시 저작권자와 담앤북스의 서면 동의를 받아야 합니다.